BEI GRIN MACHT SICH IHR WISSEN BEZAHLT

- Wir veröffentlichen Ihre Hausarbeit, Bachelor- und Masterarbeit

- Ihr eigenes eBook und Buch - weltweit in allen wichtigen Shops

- Verdienen Sie an jedem Verkauf

Jetzt bei www.GRIN.com hochladen und kostenlos publizieren

Marcus Lüpke

Unterrichtsstunde: Die Fische – Kennenlernen der inneren Organe des Fisches anhand einer Fischpräparation (8. Klasse)

GRIN Verlag

Bibliografische Information der Deutschen Nationalbibliothek:

Die Deutsche Bibliothek verzeichnet diese Publikation in der Deutschen Nationalbibliografie; detaillierte bibliografische Daten sind im Internet über http://dnb.d-nb.de/ abrufbar.

Dieses Werk sowie alle darin enthaltenen einzelnen Beiträge und Abbildungen sind urheberrechtlich geschützt. Jede Verwertung, die nicht ausdrücklich vom Urheberrechtsschutz zugelassen ist, bedarf der vorherigen Zustimmung des Verlages. Das gilt insbesondere für Vervielfältigungen, Bearbeitungen, Übersetzungen, Mikroverfilmungen, Auswertungen durch Datenbanken und für die Einspeicherung und Verarbeitung in elektronische Systeme. Alle Rechte, auch die des auszugsweisen Nachdrucks, der fotomechanischen Wiedergabe (einschließlich Mikrokopie) sowie der Auswertung durch Datenbanken oder ähnliche Einrichtungen, vorbehalten.

Impressum:

Copyright © 1999 GRIN Verlag GmbH
Druck und Bindung: Books on Demand GmbH, Norderstedt Germany
ISBN: 978-3-638-94035-1

Dieses Buch bei GRIN:

http://www.grin.com/de/e-book/20944/unterrichtsstunde-die-fische-kennenlernen-der-inneren-organe-des-fisches

GRIN - Your knowledge has value

Der GRIN Verlag publiziert seit 1998 wissenschaftliche Arbeiten von Studenten, Hochschullehrern und anderen Akademikern als eBook und gedrucktes Buch. Die Verlagswebsite www.grin.com ist die ideale Plattform zur Veröffentlichung von Hausarbeiten, Abschlussarbeiten, wissenschaftlichen Aufsätzen, Dissertationen und Fachbüchern.

Besuchen Sie uns im Internet:

http://www.grin.com/

http://www.facebook.com/grincom

http://www.twitter.com/grin_com

Studienseminar für das
Lehramt der Sekundarstufe I
Neuer Schulweg 13
59821 Arnsberg

Unterrichtsentwurf zum 5. Besuch im Fach Biologie

Name, Vorname	: Lüpke, Marcus
Fach	: Biologie
Lerngruppe	: 8c
Zeit	: 8:00 – 8:45 Uhr

Thema der Unterrichtsstunde:
Die Fische – Kennenlernen der inneren Organe des Fisches anhand einer Fischpräparation

Literatur

ESCHENHAGEN/ KATTMANN/ RODI:	Fachdidaktik Biologie. Aulis Verlag Deubner & co KG, 1996³
MEYER, H.:	Unterrichtsmethoden II: Praxisband. Frankfurt am Main: Cornelson Verlag Skriptor, 1997.
DIE SCHULE IN NRW	Richtlinien Biologie - Lernbereich Naturwissenschaften [Hauptschule]. Verlagsgesellschaft Ritterbach mbH, 1992.
ZIESCHANG, P.:	Europäische Süsswasserfische. Verlag Werner Dausien, 1993.
RABISCH/ SCHARF/ WEBER (Hrsg.):	Biologie heute 2 H, Ausgabe C, 7./8. Schuljahr, Schroedel Schulbuchverlag 1996

Einordnung der Stunde in die laufende Unterrichtsreihe

Bei den aufgeführten Unterrichtsstunden handelt es sich immer um Einzelstunden. Der Themenbereich „Fische" ergab sich nach der Durchführung eines Projektes zur Erstellung von Lerntafeln am Schulteich und entspricht daher ausdrücklich Schülerwünschen. Bei der Planung der Reihe wurde Bezug auf das vorher durchgeführte Projekt „Wir erstellen Lerntafeln für die zoologisches Betrachtung des Schulteiches" genommen. Entsprechend sind verschiedene Inhalte vertiefend in die Reihenplanung aufgenommen worden bzw. brauchen nicht zusätzlich aufgegriffen werden.

1. **Stunde:** Sammlungsstunde „Welchen Themenbereich möchtet ihr im Biologieunterricht weiter bearbeiten ?"
   Kurzfassung: Die Schüler besprachen gemeinsam mit dem Biologielehrer ihre nach dem o.a. Projekt gewünschten Themenbereiche. Der Grossteil der Lerngruppe äusserte hier in einem offenen Unterrichtsgespräch den Wunsch das Thema „Fische" aufzugreifen. Anschliessend erfolgte ein Brainstorming zum Thema Fische in Form eines Wissenstest, der von den Schülern korrigiert und benotet wurde (Die Note diente einzig der Motivation).

2. **Stunde:** Fische sind gut an den Lebensraum Wasser angepasst
   Kurzfassung: Die Schüler erarbeiteten in Gruppenarbeit die äusseren Merkmale der an das Wasser angepassten Fische. Im Zentrum der Betrachtung stand hier die wassergünstige Körperform und entsprechende Fortbewegungsorgane. Ein gemeinsam erstelltes Tafelbild wurde entsprechend in die Schülerhefte übertragen, die Funktion der Fortbewegungsorgane wurde mit Hilfe des Biologieschulbuches in Partnerarbeit ausgearbeitet.

3. **Stunde:** Fische sind gut an den Lebensraum Wasser angepasst II
   Kurzfassung: Exkurs zum Schulaquarium. Schüler beobachten in Kleingruppen verschiedene Fischarten und unterscheiden diese in Bezug auf Körperbau, Bewegung und anderer Merkmale (Flossen etc.)

4. **Stunde:** Innere Organe des Fisches.
   Kurzfassung: Die Schüler erarbeiteten in Kleingruppen die Lage und Funktion der inneren Organe des Fisches. Dabei wurden Modelle und Übersichttafeln aus der schuleigenen Biologiesammlung sowie ergänzende Arbeitsblätter genutzt. Zusätzlicher Wunsch: Können wir nicht einmal einen Fisch sezieren ?

5. **Stunde:** Innere Organe des Fisches – Präparation eines Flussbarsches

6. **Stunde:** Die Kiemenatmung des Fisches – Präparation von Kiemen und Schülerversuche zur Funktion/ Beobachtung am Schulaquarium

7. **Stunde:** Nahrungsketten und Nahrungsnetze im See (in Rückblick auf die Fischpräparation z.B. Magen- und Darminhalt); Umweltgifte im Verlauf von Nahrungsketten/ gestörte Stoffkreisläufe im Ökosystem See

8. **Stunde:** Exkurs zum Schulteich/ Biochemische Wasseruntersuchung auf z.B. den Phosphatgehalt mit Hilfe von Mini-Wasserlaboratorien/ Vergleich des Teichwassers mit belasteten Wasserproben

9. **Stunde:** Erstellung und Präsentation eines Informationsblattes/ Plakates „Der Schulteich – ein belastetes Gewässer- ?„

Übergeordnete Zielvorstellung der Lehrkraft

Unterrichtsreihe

Innerhalb der Unterrichtsreihe lernen die Schüler den Flussbarsch als ausgewählten Vertreter der heimischen Wasserfauna kennen. Sie lernen den typischen Bauplan und die entsprechenden Merkmale der Anpassung an den Lebensraum Wasser kennen. Weiterhin schliessen die Schüler aufgrund der biochemischen Untersuchung eines exemplarisch ausgewählten Stillgewässers auf den Belastungsgrad und lernen grundlegende Sachverhalte zum Themenbereich Gewässerbelastung/ Umweltschutz. Auf der Basis des erworbenen Wissens erstellen die Schüler eine Präsentation, welche ihren Platz in der Schule/ Klasse/ Teich finden sollte.

Unterrichtsstunde

Die Schüler erfahren aus erster Hand wo die inneren Organe des Fisches liegen und wie sie aussehen. Das vorher erarbeitete Wissen wird genutzt um eine angeleitete Präparation der inneren Organe vorzunehmen und zu gewährleisten.

Lehrziele:
- Die Schüler lernen das Präparieren und Untersuchen
- Die Schüler lernen selbstverantwortliches Handeln
- Die Schüler üben sich in der kooperativen Unterrichtsarbeit mit ihren Mitschülern
- Die Schüler lernen alle inneren Organe des Fisches am Realobjekt kennen
- Die Schüler sollen eigenverantwortliches und selbständiges Erarbeiten von Lerninhalten vertiefen.
- Die Schüler sollen sich in der Sozialform Partnerarbeit üben.
- Die Schüler werden zur eigenverantwortlichen praktischen Anwendung der Arbeitsschritte angeregt
- Die Schüler lernen, sich mit Mitschülern zu verständigen um ein Lernziel zu erreichen.

Handlungsmöglichkeiten
- Die Schüler fertigen Präparationsschnitte an
- Die Schüler können die inneren Organe betasten und befühlen
- Die Schüler beantworten offene Wissensfragen mit Hilfe ihrer gemachten Beobachtungen und Untersuchungen
- Die Schüler ordnen die inneren Organe nach einem vorgegebene Schema
- Die Schüler vergleichen ihre Ergebnisse mit denen anderer Schüler
- Die Schüler untersuchen die inneren Organe des Flussbarsches

Bedingungsfeldanalyse

Themenunabhängige Lernvoraussetzungen

Am Biologieunterricht nimmt die Klasse 8c teil. Der Unterricht findet jeweils mittwochs in der 2. (8^{50} - 9^{35} Uhr) Stunde im Biologieraum statt.

Die Lerngruppe besteht aus 11 Schülern und 10 Schülerinnen. Ein Teil der Schüler und Schülerinnen ist ausländischer Herkunft. So sind 2 Schülerinnen türkischer, eine Schülerin und ein Schüler italienischer, ein Schüler polnischer und ein Schüler russischer Abstammung.

Die Lerngruppe zeichnet sich durch einen guten Zusammenhalt innerhalb des Klassengefüges aus. Die ausländische Herkunft einiger Schüler und Schülerinnen führt nicht dazu, dass die Lerngruppe in einzelne Kleingruppen unterteilt ist, die untereinander nicht harmonieren. Die Lerngruppe ist altersgemäß zeitweise schwer für biologische Themenbereiche zu motivieren, zeigt jedoch eine deutlich positive Einstellung zum Biologieunterricht. In der vorangegangenen Unterrichtsarbeit (Projekt „Lerntafeln am Schulteich") erwies sich die Gruppe sehr aktiv und gut lernmotiviert.

Die beschriebene Unterrichtsstunde ist an diesem Tag die letzte für die Lerngruppe, da anschliessend die Entlassungsfeier der 10. Klassen stattfindet. Alle Schüler der Lerngruppe sind schon seit etwa einer Woche aus verschiedenen Gründen sehr mit diesem Tag beschäftigt. Weiterhin zu berücksichtigen ist die Tatsache, dass anschliessend aufgrund der Feiertage und der beweglichen Ferientage bis zum 07.06. unterrichtsfreie Zeit ist. Es ist daher zu erwarten, dass die Lerngruppe unter Umständen sehr „aufgedreht" oder mit einer geringen Motivation in den Unterricht kommt.

Dem Klassenlehrer der Lerngruppe ist es seit längerer Zeit aufgrund einer schweren Erkrankung nicht möglich, die Klasse zu unterrichten. Dadurch bedingt kommt es zu einem häufigen Wechsel der Lehrpersonen in dieser Lerngruppe. Letztlich ist es auf diesen Umstand zurückzuführen, dass die Lernatmosphäre teilweise von Unruhe gekennzeichnet ist und somit das Aufmerksamkeitsverhalten der Lerngruppe negativ beeinflusst wird.

Innerhalb der Lerngruppe bestehen im schriftsprachlichen Bereich und das Lerntempo betreffend deutliche Unterschiede, die ein starkes Differenzieren nötig machen.

Ein überdurchschnittliches Niveau weisen diesbezüglich Christopher, Marie, Michaela, Robert, Christian, Stefan und Jürgen auf. Sie zeigen sich sehr engagiert und können auch komplizierte Sachverhalte schnell erschließen und im Unterricht umsetzen. Michaela stellt hier eine Ausnahme dar, da sie im letzten Schuljahr vom Gymnasium in diese Lerngruppe gewechselt ist und auf mehr Grundwissen zurückgreifen kann als der Rest der Klasse. Eugen dagegen hat eine Sonderstellung innerhalb der Lerngruppe, da er aufgrund sprachlicher Schwächen dem Unterricht nicht so schnell folgen kann. Der Rest der Gruppe weist eine durchschnittliche Lern- und Leistungsbereitschaft auf. Innerhalb der Gruppenarbeitsphasen konnten die Schüler und Schülerinnen aufgrund des selbst gewählten Lerntempos bisher jedoch insgesamt gut zu einem gemeinsamen Lernerfolg kommen und schwächere Schüler und Schülerinnen in den Lernprozess integrieren.

Themenabhängige Lernvoraussetzungen

Die Schüler der Lerngruppe können durch die vorher durchgeführte projektorientierte Unterrichtsreihe zum Thema „Wir erstellen Lerntafeln für die zoologische Betrachtung des Schulteiches" auf verschiedene grundlegende Sachverhalte des Lebensraumes Gewässer rückschliessen. So wurde erarbeitet welche unterschiedlichen Stillgewässertypen wie zu unterscheiden sind und welche abiotischen und –biotischen Faktoren diese Lebensräume beeinflussen. Auf die Entstehung von Nahrungsnetzen und Nahrungsketten wurde eingegangen. Weiterführend besitzt die Lerngruppe keine weiterführenden Lernvoraussetzungen bezüglich der Fische als bewohner des Lebensraumes See – Teich.

Einige Schüler können auf ein grösseres Grundlagenwissen bzgl. der Fische zurückgreifen, da sie in der Sommerzeit desöfteren ihre Freizeit am nahe gelegenen Sorpesee verbringen und die meisten heimischen Süsswasserfische zu unterscheiden vermögen. Das Präparieren wurde in dieser Lerngruppe noch nicht durchgeführt. Die Schüler äusserten den Wunsch zum heutigen Stundenthema sehr engagiert was, im Gegensatz zu der beschriebenen Unterrichtssituation, auf eine gute Motivationslage schliessen lässt.

Didaktische Reduktion

Innerhalb der Unterrichtsstunde wird exemplarisch ein populärer Vertreter der Familie heimischer Süsswasserfische ausgewählt (Flussbarsch). Die Schüler haben so die Möglichkeit innere Organe miteinander zu vergleichen und ihr Vorwissen für das Betrachten und Untersuchen zu nutzen. Da der innere Bauplan der Fische trotz unterschiedlicher Gattung relativ gleich ist, bietet es sich an, den Weg der exemplarischen Betrachtung zu wählen. Zum anderen ist der Flussbarsch ein Fisch der leicht zu beschaffen ist und aufgrund seiner hohen Populationsrate keiner gesetzlichen Schutzbestimmung unterliegt (Er ist desweiteren ein Bruträuber und schädigt grosse Bestände der Nutzfische). Desweiteren ist der Flussbarsch ein den Schülern bekannter Fisch, der auch in vielen Lehrbüchern zu finden ist.

Die Fische wurden zum grössten Teil selbst von den Schülern gefangen. Bei der Betrachtung der inneren Organe wird im Unterrichtsgespräch verstärkt auf den Bau der Kiemen, der Schwimmblase und des Magen-Darm-Traktes Bezug genommen. Dies liegt in der inhaltlichen Struktur der Folgestunden begründet.

Aus zeitlichen Gründen wird darauf verzichtet, die Fortbewegungsorgane (äussere Organe) genauer zu betrachten.

Legitimation

Für die Jahrgangsstufe 8 ist in den Richtlinien des Landes NRW – Hauptschule [1992, 109] ist das Betrachten einer Fischart als Vertreter des Nektons inklusive der Betrachtung des Körperbaus in Hinblick auf die Anpassungen an den Lebensraum Wasser gefordert. Die Unterrichtsreihe lässt sich dem Themenbereich 4 „Das leben in und an Gewässern muss geschützt werden" zuordnen.

Bezugnehmend auf die in den Richtlinien des Landes NRW [1992] dargestellten Aufgaben und Ziele des Lernbereichs Naturwissenschaften lässt sich das Unterrichtsvorhaben für die folgenden Bereiche begründen:

Erfahrungsorientierung

Die Schüler nutzen ihr Vorwissen um den Flussbarsch als Vertreter des Nektons zu untersuchen. Aus den Inhalten der vorangegangenen Stunde ergab sich für die Schüler der Wunsch einmal einen „echten" Fisch zu untersuchen. Die Inhalte der Stunde am Realobjekt zu erarbeiten, bietet sich in einer Zeit, die stark geprägt ist von rezeptiver Wissensaufnahme über div. Medien (TV, Video), an um den Schülern das Erfahren von biologischen Sachverhalten aus erster Hand zu ermöglichen.

Wissenschaftsorientierung

Die Schüler erfahren den Bauplan der inneren Organe des Flussbarsches im Rahmen naturwissenschaftlicher Erkenntnismethoden. Das Präparieren und Untersuchen kann im Biologieunterricht als fachliche Arbeitsmethode vielfach eingesetzt werden um biologisches Fachwissen zu erschliessen. Entsprechend ist das Vermitteln dieser Arbeitsweise ein wichtiges Ziel des Biologieunterrichts. Desweiteren ist es den Schülern möglich, im Rahmen der Neugier und des Lerninteresses die theoretischen Inhalte zu überprüfen und einzuschätzen.

Handlungsorientierung

Die Auseinandersetzung der Schüler mit biologischen Unterrichtsinhalten sollte von den Schülern als sinnvoll erlebt werden. Beteiligt man Schüler am Unterrichtsprozess, kann diesem geforderten Ziel Rechnung getragen werden. Die heutige Stunde betreffend haben die Schüler sich gewünscht einen Fisch zu präparieren und waren z.T. daran beteiligt, diese zu fangen. Entsprechend wird das Untersuchen und Betrachten der Fische auf der Grundlage vorher erarbeiteter Sachverhalte zum inneren Bauplan der Fische im Sinne einer aktiven Auseinandersetzung gefördert. Sie haben die Möglichkeit ihre eigenen praktischen Fähigkeiten zu erleben, daraus kann sich ein Interesse ableiten, selbständig zu Erkenntnissen zu gelangen.

Zentrale Lernaufgabe

„Ihr erhaltet zu Zweit einen Fisch. Nehmt euch Schere, Skalpell, Präpariernadel und Lupe. Legt die Bauchhöhle mit einem Schnitt frei und versucht mit Hilfe des Arbeitsblattes die inneren Organe zu finden, zu untersuchen und zu präparieren. Löst dabei die Aufgaben, die ihr auf dem Arbeitsblatt findet."

Methodische Entscheidungen

In der heutigen Stunde steht das Betrachten und Untersuchen der inneren Organe des Fisches im Vordergrund. Dabei soll zu Beginn ein dem entdeckenden Lernen ähnliches Prinzip zur Anwendung kommen. In seiner Reinform ist dies leider nicht möglich, da in der vorangegangenen Stunde schon Bezug auf Bau und Funktion der inneren Organe der Fische genommen wurde. Aus der theoretischen Bearbeitung entwickelte sich bei den Schülern der Wunsch, einen „echten" Fisch zu untersuchen. Entsprechend wird diesem Wunsch Rechnung getragen und in dieser Stunde rückblickend das Arbeiten am Realobjekt unter Berücksichtigung von Schülervorwissen ermöglicht. Da ich aus finanziellen Gründen darauf verzichtet habe Fisch zu kaufen, entschloss ich mich die Fische selbst zu fangen. Ich bot den Schülern an, mich ausserhalb der Schulzeit an den nahegelegenen

XXXsee zu begleiten und mich beim Fangen zu unterstützen[1]. Leider war es aus organisatorischen Gründen nicht allen Schülern möglich mitzukommen. Ein Teil der Klasse fand sich jedoch am See ein und fing den Grossteil der präsenten Fische selbständig.

Im Hauptteil der Stunde, der von der praktischen Arbeit bestimmt ist (Schneiden, ordnen, sammeln, vergleichen) habe ich aufgrund der besonderen Unterrichtssituation (vgl. Bedingungsanalyse) und aus zeitlichen Gründen die Entscheidung getroffen die Schüler bei ihrer Arbeit stärker anzuleiten. Ein weiter Grund für diese Maßnahme liegt in der möglichen Gefahr begründet, dass die Schüler falsche Schnitte ausführen oder die Organe beim Schneiden zerstören und somit zu falschen Ergebnissen bzw. gar nicht zu den gewünschten Ergebnissen, kommen. Der Flussbarsch weist als Besonderheit einen mit Stacheln bewehrten Kiemendeckel und eine stachelige Rückenflosse auf. So wird es neben dem Hinweis auf die möglichen Verletzungsgefahren durch unkonzentriertes Arbeiten mit Skalpell und Präparierbesteck nötig sein, die Schüler besonders darauf hinzuweisen vorsichtig mit dem Fisch zu „arbeiten".

Den Abschluss der Stunde und gleichzeitig die Sicherung der Stundeninhalte erfolgt in einem Unterrichtsgespräch. Die Schüler haben so die Möglichkeit ihre Ergebnisse vorzutragen, zu vergleichen und gegebenenfalls zu korrigieren.

Sachstruktur

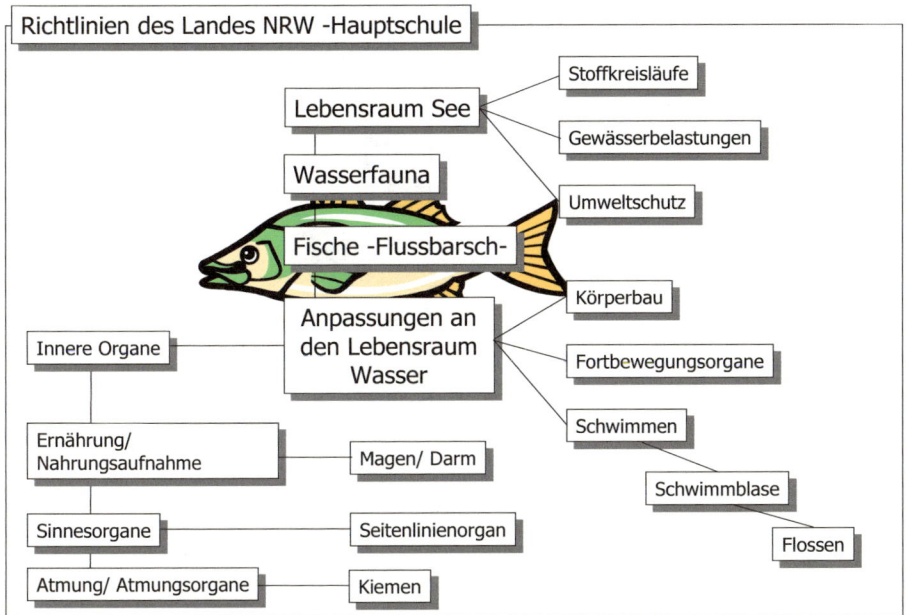

---

[1] Ich besitze eine gültige Fischereigenehmigung für dieses Gewässer

Thema der Unterrichtsstunde: *Präparation eines Flussbarsches zur genauen Betrachtung der inneren Organe*

Datum: 02.06.1998

LAA: Marcus Lüpke **Hauptseminarleitung:** Frau Pool **Fachseminarleitung:** Herr Hoffmann **Mentor:** Herr Korbella

Unterrichtsverlauf

Phase	Interaktionsgeschehen und Inhaltsmomente	Handlungsmuster und Sozialformen	Medien	Methodisch-didaktischer Kommentar
Einstieg	Begrüßung der Schüler/ Vorstellen des Stundenthemas	L.-S.-Gespräch	Tafel	
	Erarbeitung des Schnittes zur Öffnung der Bauchhöhle Sicherheitshinweise Verteilen der Fische und der Arbeitsmaterialien	L.-S.-Gespräch	Präpariernadeln Skalpelle Scheren Lupen Plastikwannen	▪ Die Gerätschaften werden zentral bereitgestellt, die Ss wählen Geräte aus, die sie benötigen ▪ Der durchzuführende Schnitt wird in einem kurzen Unterrichtsgespräch erarbeitet und an der Tafel in Form einer Skizze fixiert
Erarbeitung	Die Schüler sezieren den Flussbarsch und untersuchen die inneren Organe Die Schüler	Schüleraktivität Schüler arbeiten zu Zweit	Flussbarsche Ordnungsblatt Arbeitsblatt	▪ Der Lehrer hält sich beratend zurück ▪ Die Schüler arbeiten selbsttätig ▪ Nach dem Abschluss des Aufschneidens und Ordnens erhalten die Schüler ein Aufgabenblatt zu Bearbeitung
Ergebnissicherung/ Reflexion	Die Schüler tragen ihre Ergebnisse und Empfindungen vor „Was habt ihr herausgefunden?" „Wie habt ihr das Sezieren empfunden?"	L.-S.-Gespräch S.-S.-Gespräch	Arbeitsblatt	▪ Die Schüler wählen selbst aus, wer Inhalte ergänzt (Jungen/ Mädchen)

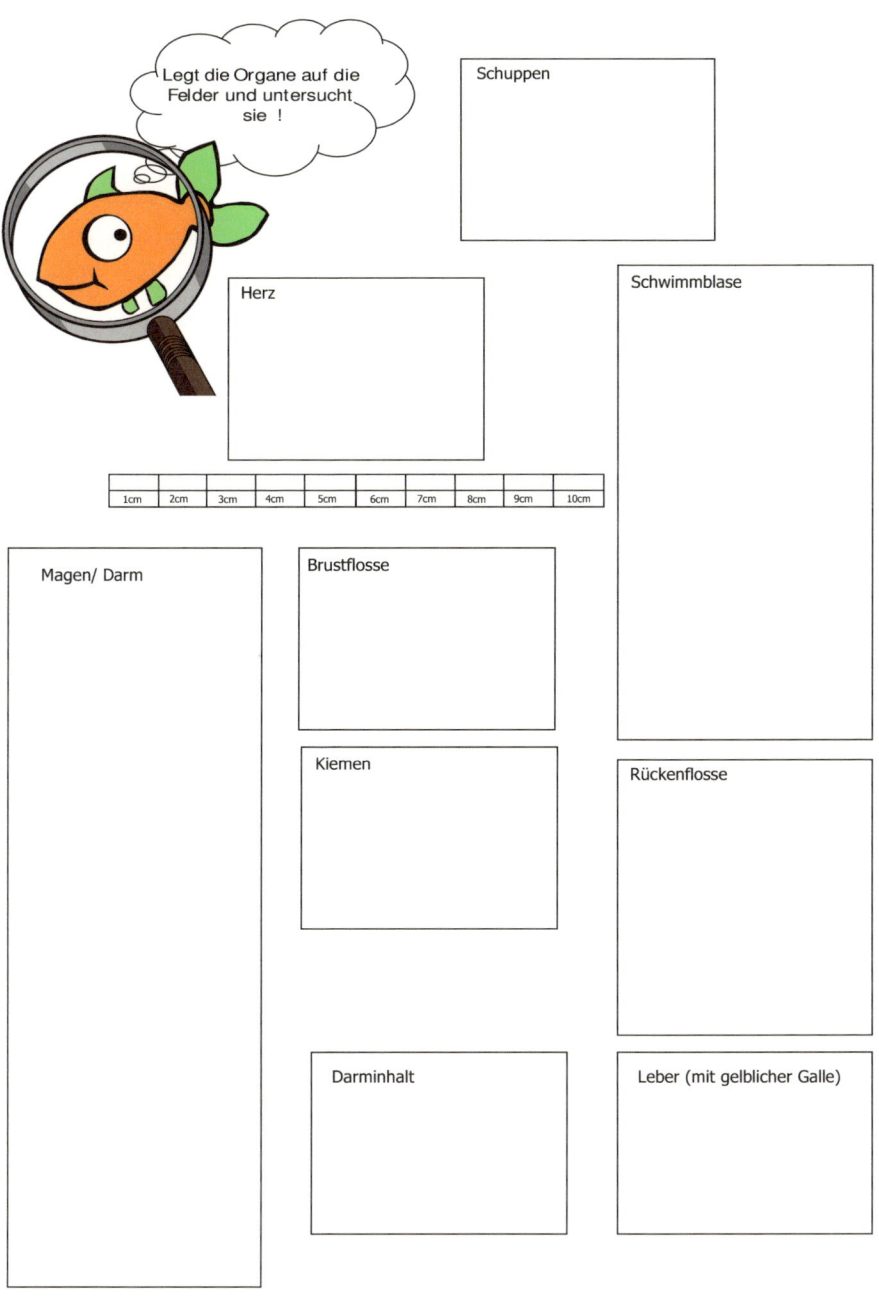

Wie gross ist euer Fisch
(von Schwanz bis Kopf) ?
_____

Wer hilft mir bei der
Lösung der Aufgaben ?

Welche Farbe hat die Schwimmblase ?
_____

Wie groß ist die Schwimmblase in cm ?
_____

1cm	2cm	3cm	4cm	5cm	6cm	7cm	8cm	9cm	10cm

Wie lang sind der Darm + Magen
_____

Zeichnet eine Schuppe

Findet heraus, was euer Fisch kurz
vor seinem Ableben gefressen hat !
_____
_____
_____
_____

Warum kann man die Schuppen des
Barsches so schlecht „herausziehen" ?
_____
_____
_____

Schaut euch den Kiemendecken
genau an ! Was fällt euch auf
(Tastet ihn ab !)
_____
_____

Schneidet einen Kiemendeckel weg und legt die Kiemen frei !

Wieviel Kiemenreihen besitzt euer Fisch ? _____

Welche Farbe besitzen die Kiemen ? _____